Bibliografische Information der Deutschen Nationalbibliothek:

Die Deutsche Bibliothek verzeichnet diese Publikation in der Deutschen Nationalbibliografie; detaillierte bibliografische Daten sind im Internet über http://dnb.d-nb.de/ abrufbar.

Impressum:

Druck und Bindung: Books on Demand GmbH, Norderstedt Germany
ISBN: 9783668398191

Dieses Buch bei GRIN:

http://www.grin.com/de/e-book/353874/zur-phaenomenologie-der-stroemungsmechanischen-wirbelspule

Michael Dienst

Zur Phänomenologie der strömungsmechanischen Wirbelspule

Beitrag zur Strömungswirklichkeit und zum Leistungsaustrag einer Doppeldeckerkonfiguration

GRIN Verlag

Zur Phänomenologie der strömungsmechanischen Wirbelspule

Beitrag zur Strömungswirklichkeit und zum Leistungsaustrag in einer Doppeldeckerkonfiguration

Mi. Dienst, Berlin im Februar 2017

Surfboardfinnen in Doppeldeckerkonfiguration stehen derzeit nicht oben in den Forschungsagenden der Namhaften und es bleiben im Laborbetrieb relativ einfach darstellbare, auf der Wechselwirkung von Wirbeln basierende Strömungsphänomene, unbetrachtet. Dennoch sind sie eine Option in maritimer Zukunftstechnik. Aus meiner Sicht. Sobald man nur genauer hinschaut, sind Doppeldeckertragflächen ein wunderbares Beispiel anwendungsbezogener Bionik. Der nachfolgend dargelegten „Wirbelspulen-Phänomenologie" möchte ich einen generalen Satz zu umströmten Doppeldeckertragflächen voranstellen: *Tragflächen in Doppeldeckerkonfiguration können fluidmechanisch miteinander wechselwirken derart, dass die durch das Auftriebsgebaren der Einzeltragflächen erzeugten und stromabwärts abfließenden Randwirbel ein mantelförmiges Wirbelspulensystem generieren, das in seinem Kern einen beschleunigten Fluidmassenstrom, eine beschleunigte Strömung, induziert.* Nach Erörterungen zur Tragflügeltheorie, die auch Hinweise zu Doppeldeckerkonfigurationen enthalten, werden einige Überlegungen ausgeführt, die den oben angeführten Gedanken stützen. Die Theorie der fluidmechanischen Wirbelspule ist Teilgebiet einer verallgemeinerten Feldtheorie. Die nachfolgenden Ausführungen können experimentelle und numerisch-analytische Untersuchungen zu fluidmechanische Wirbelspulen an Doppeldeckerkonfigurationen kontextuell ergänzen.

Zur Tragflügeltheorie. Auf der Grundlage der Tragflügeltheorie erster Ordnung behandelt Prandtl[1] in [Pra-19] zunächst die Aufgabe Geschwindigkeitskomponenten an einem Aufpunkt einer Strömung zu ermitteln, die von der Strömungsenergie einer „tragenden Linie" mit gegebener Auftriebsverteilung herrührt. Mittels der „Theorie der tragenden Linie" lassen sich Gleichungen für den Widerstand einer Tragflügelkonfiguration aus zwei Flügeln (Flügel 1 und Flügel 2) finden, der dadurch entsteht, dass ein Flügel 1 unter dem Einfluss der Störung steht, die von einem in derselben (Quer-) Ebene befindlichen Tragflügel (Flügel2) ausgeht. Prandtls theoretische Überlegungen sowie Berechnungen seines Mitarbeiters Munk[2] zeigten, dass für vollständig symmetrisch gebaute Tragflügel (-elemente) der Widerstand, der am Flügel 2 durch die Gegenwart des Flügels 1 entsteht von derselben Größe sein muss.

---

[1] Ludwig Prandtl (* 4. 2. 1875 in Freising; † 15. 8. 1953 in Göttingen) war Physiker und lieferte bedeutende Beiträge zum grundlegenden Verständnis der Strömungsmechanik Prandtl entwickelte die Grenzschichttheorie.
[2]Max Michael Munk (* 22. 10. 1890 in Hamburg[1]; † 1986) war ein deutsch-amerikanischer Aeronautiker.

Im Zuge der Untersuchungen zu Mehrdeckerkonfigurationen stellte sich heraus, dass es offenbar nicht darauf ankommt, dass die „zusammengefassten“ tragenden Elemente (der generalisierte Auftriebsvektor einer Tragflächenkonfiguration) jeweils zu einem einzigen Tragflügel gehören. Greift man aus einem tragenden System in der Querebene (der wirkebene des generalisierten Auftriebsvektors) zwei beliebige Gruppen heraus, so ist derjenige Widerstandsanteil, den die Gruppe 1 durch das Geschwindigkeitsfeld der Gruppe 2 erfährt ebenso groß, wie derjenige von Gruppe 2 im Feld von Gruppe 1 [Pra-19]. Nach Ansicht Prandtls führt dies dazu, dass der Beitrag zum gegenseitigen Widerstand zweier untereinander befindlicher Tragflügel positiv ist, der von zwei nebeneinander befindlichen Tragflügeln dagegen negativ! Durch erste Anordnung wird also der Gesamtwiderstand gegenüber dem Zustand weit voneinander entfernter Flügel vermehrt, durch letztere vermindert. Zur Untersuchung des allgemeinen Falls (zweier benachbarter Tragflächen) wurde von Prandtl das Feld berechnet, das ein tragendes Element mitsamt dem (im Nachlauf der Tragfläche) abgehenden Wirbelpaar in irgendeinem Raumpunkt hervorbringt. Er zeigt, dass die Widerstandsanteile der beiden Flügel nur dann gleich sind, wenn beide Elemente (Tragflächen der Tragflügelkonfiguration) in derselben Querebene liegen. Seine theoretischen Überlegungen zeigen auch, dass die Summe der Widerstände gleich bleibt, wenn die beiden tragenden Gruppen (Flügel 1 und Flügel2) in Fahrtrichtung gegeneinander verschoben werden, also ihre Staffelung geändert wird. Munk konnte dieses Phänomen in seiner Göttinger Dissertation beweisen. Für unsere nachfolgenden Überlegungen vor dem Hintergrund der Wirbelspulenphänomenologie des Doppeldeckers ist die von Prandtl extrahierte Ursache der Unabhängigkeit des Gesamtwiderstands von der Staffelung der Tragflächen bedeutend, wonach die Widerstandsarbeit gleich der in der Wirbelbewegung hinter dem Tragwerk zurückgelassenen kinetischen Energie ist; es kommt also nur auf dieses Wirbelsystem selbst an, nicht auf die genauen Umstände, unter denen es erzeugt wird.

Phänomenologie der fluidmechanischen Wirbelspule. Nach der Tragflügeltheorie hängt die Auftriebskraft einer umströmten Tragfläche alleine von der Zirkulation ab [Schl-67]. Überlagern sich an einem Strömungskörper (bei einer zweidimensionalen Modellvorstellung in der Profilebene des Strömungskörpers) ein translatorisches und rotatorisches Strömungsfeld, kommt es infolge der Zirkulation um diesen Körper zu Verzögerung der Strömung auf der einen und zu einer Beschleunigung der Strömung auf der anderen Seite. Nach der Bernoullischen Beziehung führt die Beschleunigung zu einer Druckminderung, die Verzögerung zu einer Druckerhöhung. Im Falle eines Tragflügels wird dies als Auftriebskraft spürbar. Für einen angeströmten, endlichen Tragflügel ist die Auftriebskraft elliptisch über den Auftrieb erzeugenden Körper verteilt. Infolge des Druckgradienten kommt es am materiellen Ende der Tragfläche zu einer Umströmung der Tragflächenkante. Im Nachlauf der Kantenumströmung bildet sich nun ein kompakter Wirbel aus, der in der Literatur als „durch den Druckgradienten induzierter Randwirbel“ beschrieben wird. Der induzierte Randwirbel bindet einen erheblichen Anteil der zur Erzeugung der Auftriebskräfte des Systems aufgebrachten Energie. Der Wirbelfaden im Nachlauf einer Auftrieb erzeugenden Tragfläche ist sehr stabil. Windkanaluntersuchungen und numerische Strömungssimulationsrechnungen können das Umströmungsgebaren an den Enden Auftrieb erzeugender Strömungskörper klären und visualisieren. Dabei zeigt sich, dass jeder durch das Auftriebsgebaren einer Tragflügelfläche induzierter Wirbelzopf hinsichtlich seiner Geschwindigkeitsverteilung in seinem Querschnitt kompakt ist und ein graduelles rotatorisches Fernfeld ausbildet. Bei einem Doppeldecker existieren zwei kompakte

Wirbelzöpfe gleicher Drehrichtung und ähnlicher oder in einem günstigen Fall, gleicher Intensität. Aufgrund der Fernfeldbeziehungen beginnen die Wirbelzöpfe im Nachlauf ihrer Entstehungsorte um ein gemeinsames Zentrum zu rotieren. Ein schraubenartiges Wirbelspulengebilde entsteht. Während die Wirbelzöpfe auf dem Mantel der Wirbelspule stromabwärts um eine gemeinsame zentrale Achse rotieren bildet sich innerhalb der Wirbelspule entlang des zentralen Stromfadens eine beschleunigte Strömung aus, die nach außen durch den Wirbelmantel begrenzt und geführt wird. Dieses als „Wirbelspuleneffekt" bezeichnete Phänomen wurde in den 70er und 80er Jahren des vergangenen Jahrhunderts durch messtechnische Untersuchungen belegt (Ingo Rechenberg, Technische Universität Berlin) und eine erste Theorie der Wirbelspule entwickelt. Die Strömung innerhalb der Wirbelspule ist intensiv; die Geschwindigkeiten können gegenüber der den Wirbelspulen-effekt hervorrufenden Flügelumströmung mehr als den dreifachen Wert der anfachenden Strömungsgeschwindigkeit annehmen. Windkanalmessungen zeigen, dass eine zu einer den Auftrieb generierende Tragflächen der kumulierten Tragflügeltiefe t erzeugte Wirbelspule stromabwärts weithin stabil existiert und über die gesamte Distanz einen intensiven „Strömungsjet" produziert. Das Geschwindigkeitsniveau der Innenströmung kann derart ansteigen, dass aufgrund der Druckabnahme im Jet (Bernoulli-Gleichung, Kontinuität) die umhüllende Mantelströmung implodieren kann und die den Effekt tragende Wirbelspule ihre schraubenförmige Struktur verliert.

Geschwindigkeitsbeiträge im Strömungsfeld. Die zu einem Wirbelfaden gehörige Strömung ist, bis auf den Wirbelfaden selbst wirbelfrei. Ist der Wirbelfaden gerade, entspricht dies einem Potentialwirbel. Eine Strömung kann durch ihr Geschwindigkeitsfeld beschrieben werden und eine Wirbelströmung durch ihr Wirbelfeld. Geschwindigkeitsfeld und Wirbelfeld hängen physikalisch zusammen. In diesem Zusammenhang taucht das aus der Feldtheorie stammende und in der Elektrodynamik geläufige Gesetz von Biot uind Savart auf. Ist das Geschwindigkeitsfeld bekannt, kann daraus das Wirbelfeld berechnet werden. Die Differentiation des Geschwindigkeitsfeldes (Bildung der Rotation) ist das Wirbelfeld. Gleichsam kann man das Geschwindigkeitsfeld aus dem Wirbelfeld berechnen. Die Integration des Wirbelfeldes ist das Geschwindigkeitsfeld. Die Integration des Wirbelfeldes entspricht der Anwendung des Gesetzes von Biot und Savart auf eine fluidische Strömung.
Mit der Zirkulation Γ bezeichnet man die Stärke eines (beispielsweise um eine Tragfläche kreisenden) Wirbels, bzw. des Ringintegrals der Zirkulationsgeschwindigkeit v_Γ über die Weglänge s_Γ. Bei einem (so genannten) starren Wirbel herrscht eine konstante Winkel-geschwindigkeit ω_W und an einem beliebigen Abstand r die Tangentialgeschwindigkeit v_{TW}.

Aus der Integration des Linienintegrals folgt:

Zirkulation	$\Gamma = v_\Gamma\ s_\Gamma$	$[m^2s^{-1}]$
Zirkulationsgeschwindigkeit	v_Γ	$[ms^{-1}]$
Weglänge	s_Γ	[m]
Winkelgeschwindigkeit	ω_W	$[s^{-1}]$
Tangentialgeschwindigkeit	$v_{TW} = r\ \omega$	$[ms^{-1}]$

Man unterscheidet weiterhin Potentialwirbel - sie besitzen einen Geschwindigkeitsgradient im ferneren Feld (Peripherie) - und Rankine-Wirbel, die als Superposition von starrem Wirbel (Kern) und Potentialwirbel (Peripherie) gesehen werden kann. Mit der Zirkulationn dem Ringintegral der Zirkulationsgeschwindigkeit über die Weglänge s, kann die Auftriebskraft F_A

eines Flügels mit der Spannweite b angegeben werden und es entsteht eine handliche Formulierung der Zirkulation um einen Tragflügel. Nach Kutta-Joukowski[3] folgt:

Auftrieb (Lift)	$F_A = \Gamma \cdot \rho \cdot v \cdot b$	[N] aus $[m^2 s^{-1}\ kg\ m^{-3}\ m\ s^{-1}\ m]$, $[kg\ m\ s^{-2}]$
es gilt:	$F_A = c_L \cdot A\ ½ \cdot \rho \cdot v^2$	[N] aus $[m^2\ kg\ m^{-3}\ m^2 s^{-2}\ m]$, $[kg\ m\ s^{-2}]$
und:	$\Gamma \cdot \rho \cdot v \cdot b = c_L \cdot A\ ½ \cdot \rho \cdot v^2$	

Zur Zirkulation um einen Tragflügel:

$$\Gamma = \rho \cdot v \cdot b = c_L \cdot A\ ½ \cdot \rho \cdot v^2 / \rho \cdot v \cdot b = c_L \cdot A\ v / 2 \cdot b\ [m^2 s^{-1}]$$

Zirkulation	Γ	$[m^2 s^{-1}]$
Dichte	ρ	$[kg\ m^{-3}]$
Fluidgeschwindigkeit (Fernfeld)	v	$[m\ s^{-1}]$

Zirkulation auf einer Kreisbahn:	Γ	$= \omega\ 2\ \pi\ r^2$	$[m^2 s^{-1}]$

Zirkulation	Γ	$= v_\Gamma\ s_\Gamma$	$[m^2 s^{-1}]$
Winkelgeschwindigkeit	ω		$[s^{-1}]$
Infinitisimaler Winkel	$d\beta$		[°, rad]
Mit Ringintegral (über Kreis)	I ds	$= 2\ \pi\ r$	[m]
Tangentialgeschwindigkeit	v_T	$= r\ \omega$	$[ms^{-1}]$
Zirkulation um Kreis:	Γ	$= \omega\ 2\ \pi\ r^2$	$[m^2 s^{-1}]$

Zur Untersuchung ebener und wirbelfreier Strömungen, klären wir die kinematischen Begriffe Wirbelstärke und Zirkulation. Die Rotation der Geschwindigkeit $\underline{v}$ ist die Wirbelstärke $\underline{\Omega}$

$$\Omega = \text{rot}\ \underline{v} \quad \text{.. mit den Komponenten} \quad \Omega i = e_{ijk}\ (\delta v_k)/(\delta x_j)$$

Strömungen, in denen die Wirbelstärke verschwindet, heißen wirbelfreie Strömungen oder Potentialströmungen. Strömungen, in denen die Wirbelstärke von Null verschieden ist, heißen wirbelbehaftete Strömungen oder Wirbelströmungen. In wirbelbehafteten Strömungen bilden die Geschwindigkeit und die Wirbelstärke ein Vektorfeld. Die Wirbellinie im Feld der Wirbelstärke ist eine Analogie zur Stromlinie im Geschwindigkeitsfeld. Die Wirbellinie ist somit eine Kurve, die in jedem Punkt den Vektor der Wirbelstärke tangiert. Die Zirkulation Γ ist das Kurvenintegral der Geschwindigkeit längs einer geschlossenen Kurve im Strömungsfeld:

$$\Gamma = \int \underline{v}\ dx \quad \text{.. mit den Komponenten:} \quad \Gamma = \int v_i\ dx_i$$

Der Satz von Stokes[4] besagt nun, dass das Flächenintegral der Wirbelstärke Ω über eine Fläche A gleich der Zirkulation Γ längs ihrer Randkurve x ist. Für einen Volumenstrom

---

[3] Der Satz von Kutta-Joukowski beschreibt die Proportionalität des dynamischen Auftriebs zur Zirkulation.

[4] Der Satz von Stokes ist ein nach Sir George Gabriel Stokes benannter Satz aus der Differentialgeometrie. In der allgemeinen Fassung handelt es sich um einen Satz über die Integration von Differentialformen.

durch eine beliebige Fläche gilt immer $V = \int \underline{v}\, d\underline{A}$. Für eine Zirkulation längs einer beliebigen geschlossenen Kurve gilt immer: $\Gamma = \int \underline{\Omega}\, d\underline{A}$.

$$\Gamma = \int \underline{v}\, dx = \int \underline{\Omega}\, d\underline{A} \text{ oder komponentenweise}$$
$$\Gamma = \int \underline{v}_i\, dx_i = \int \underline{\Omega}_i\, dA_i$$

Satz: Die Wirbelstärke im Quellpunkt Q im Geschwindigkeitsfeld induziert im Aufpunkt P (dieses Geschwindigkeitsfeldes) einen Teil der dortigen Geschwindigkeit. Die Geschwindigkeit im Aufpunkt P ist die Summe der Induktionswirkungen aller Quellpunkte des Strömungsfeldes. Quellpunkte sind die Punkte, an denen die Wirbelstärke nicht verschwindet.

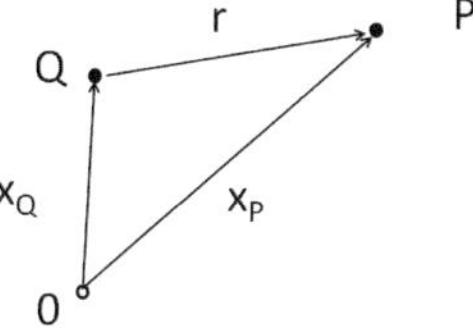

Für einen beliebigen Punkt im dreidimensionalen Strömungsfeld ist $\underline{x}_Q$ der Vektor zu einem Quellpunkt Q und $\underline{x}_P$ der Vektor zu einem Aufpunkt P. Der Vektor $\underline{r}$ vom Quellpunkt Q zum Aufpunkt P ist damit

$$\underline{r} = \underline{x}_P - \underline{x}_Q$$
$$r = ((x_P-x_Q)^2+(y_P-y_Q)^2+(z_P-z_Q)^2)^{1/2}$$

Berechnen wir nun die Komponenten des Geschwindigkeitsvektors $\underline{v}_P$ $\{v_{xP}, v_{yP}\}$ im Aufpunkt P für den zweidimensionalen für einen konkreten Fall. Die Geschwindigkeit soll von einem (unendlich langen) Wirbelfaden im Quellpunkt Q mit den Koordinaten (x_Q,y_Q) im Aufpunkt P mit den Koordinaten (x_P,y_P) induziert werden. Im Quellpunkt Q wird die Zirkulation Γ angegeben. Für die induzierte Geschwindigkeit $\underline{v} = \Gamma / 2\pi\, r$ findet man:

Der Ortsvektor $\underline{r} = \underline{x}_P - \underline{x}_Q$

$$r = ((x_P-x_Q)^2+(y_P-y_Q)^2)^{1/2}$$

Geschwindigkeiten im Aufpunkt: $v_{xP} = v \sin(\alpha)$ und $v_{yP} = v \cos(\alpha)$

mit: $\sin(\alpha) = (y_P-y_Q)/r$ und $\cos(\alpha) = (x_P-x_Q)/r$

$$v_{xP} = v \sin(\alpha) = \Gamma\, (y_P-y_Q) / 2\pi\, r((x_P-x_Q)^2+(y_P-y_Q)^2)$$
$$v_{yP} = v \cos(\alpha) = \Gamma\, (x_P-x_Q) / 2\pi\, r((x_P-x_Q)^2+(y_P-y_Q)^2)$$

Das Gesetz von Biot und Savart. Ein Wirbelfaden mit der Zirkulation Γ induziert eine Strömung im umgebenden Raum mit der Geschwindigkeit $\underline{v}$. Hierzu führe ich eine differentielle Betrachtung für eine reibungsfreie, inkompressible Strömung durch. Wir sehen das gerichtete Wirbelelement der Länge ds auf dem Wirbelfaden mit der Zirkulation Γ, einen beliebigen Punkt P im Raum und einen Abstandsvektor $\underline{r}$ vom Wirbelelement ds zum Punkt P im Raum. Das Wirbelelement ds induziert eine differentielle Geschwindigkeit dv im Punkt P.

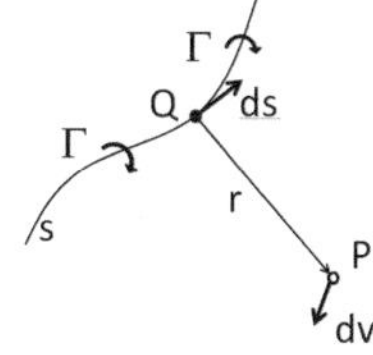

Das Biot-Savart'sches Gesetz[5] in differentieller Form lautet: $dv = (\Gamma/4\pi) \cdot (ds \times \underline{r})/\underline{r}^3$

Für den besonderen Fall, dass der Vektor r orthonormal auf der (theoretisch unendlich langen) Linie S des Wirbelfadens steht und damit die Geschwindigkeit dv im Punkt P in einem nunmehr senkrechten Abstand zum Wirbelfadenelement induziert wird, liefert die Integration des Biot-Savart'schen Gesetzes aus der differentieller Form die einfache Beziehung

$$v = \Gamma/2\pi\underline{r}$$

die mit dem Ergebnis für einen punktuellen Wirbel in einer zweidimensionalen Strömung übereinstimmt. Der Wirbelfaden der aus dem Randwirbel generiert wird, mit der Zirkulation:

$$\Gamma = F(ca, v, t)$$

aus $\Gamma = ½\, c_L\, v\, t$

kann man nun die induzierte Geschwindigkeit ermitteln:

$$v_{induziert} = \Gamma/2\pi\underline{r} = ½\, c_L\, v_{anström}\, t \,/\, 2\pi\underline{r} = c_L\, v_{anström}\, t \,/4\pi\underline{r}$$

Zur Induktionswirkung eines Wirbelfadenelements. Ziel ist nun die Beschreibung des Zusammenhangs der Geschwindigkeit $\underline{v}$ in einem Aufpunkt P, also $v(x_P)$ des Geschwindigkeitsfeldes und der Wirbelstärke $\underline{\Omega}(x_Q)$ in allen Quellpunkten eines Strömungsfeldes. Dazu wird ein Wirbelröhrenelement (infinitisimal kleines Wirbelfadenelement) auf seine Induktionswirkung auf das Strömungsfeld untersucht.

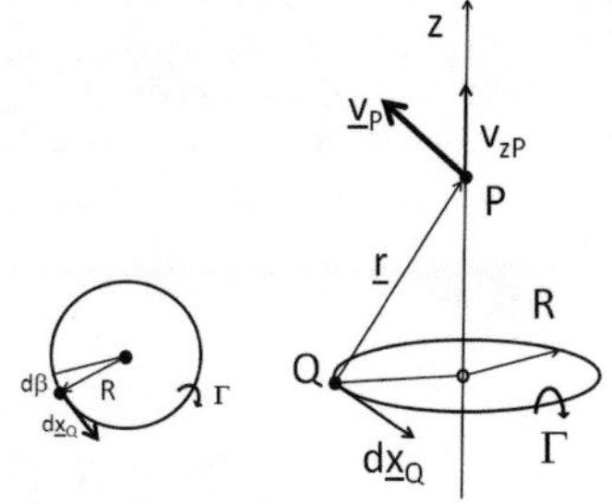

Das Fluid sei inkompressibel und das Wirbelröhrenelement habe die Länge $d\underline{x}$, den Querschnitt $d\underline{A}$ und das Volumen $d\underline{V} = d\underline{A} \cdot d\underline{x}$. Die Länge $d\underline{x}$ und der Querschnitt $d\underline{A}$ sollen parallel zur Wirbelstärke $\underline{\Omega}$ im Quellpunkt Q der Strömung sein. Letztlich betrachte ich eine elementare Vereinfachung des Wirbelspulen-effektes auf einen Ringwirbelfaden.

Ein Ringwirbelfaden habe nun eine konstante Zirkulation Γ. Gesucht ist die in der Achse des Ringwirbels induzierte Geschwindigkeit. Auf der Achse des Ringwirbels sind aus Symmetriegründen nur die Z-Komponenten des Vektors $\{v_{xP}, v_{yP}, v_{zP}\}$ der induzierten Geschwindigkeit $\underline{v}$ ungleich Null. Die von einem Wirbelfadenelement an einem beliebigen Aufpunkt im Strömungsfeld induzierte Geschwindigkeit $\underline{v}$ ist proportional der Wirbelstärke Ω und dem Volumen des Wirbelfadenelements also:

$$dv \sim \Omega\, dV$$

[5]Das Biot-Savart-Gesetz stellt (in der Elektrodynamik) einen Zusammenhang zwischen der magnetischen Feldstärke und der elektrischen Stromdichte her und erlaubt die räumliche Berechnung magnetischer Feldstärkenverteilungen anhand der Kenntnis der räumlichen Stromverteilungen. Meistens wird das Gesetz als Beziehung zwischen der magnetischen Flussdichte und der elektrischen Stromdichte behandelt.

Die Richtung der induzierten Geschwindigkeit $\underline{v}$ steht senkrecht auf den Vektoren $\underline{\Omega}$ und $\underline{r}$

$$dv \sim \underline{\Omega} \times \underline{r}$$

Für einen Volumenstrom durch eine beliebige Fläche gilt immer $V = \int \underline{v}\, d\underline{A}$ und längs einer beliebigen geschlossenen Kurve gilt $\Gamma = \int \underline{\Omega}\, d\underline{A}$.

$$\Gamma = \int \underline{v}\, dx = \int \underline{\Omega}\, d\underline{A}$$

Die Geschwindigkeit, die ein Element des Ringwirbelfadens im Aufpunkt P induziert, ist gegeben mit

$$d\underline{v}(x_P,t) = (\Gamma/4\cdot \pi)\,(d\underline{x}_Q \times \underline{r}) / r^3$$

$$\underline{v}(x_P,t) = (\Gamma/4\cdot \pi)\int (d\underline{x}_Q \times \underline{r}) / r^3$$

Der Beitrag dieser Geschwindigkeit zu Z-Komponente v_{zP} des Geschwindigkeitsvektors $\underline{v}$ ist:

$$dv_{zP} = dv \cdot \cos(a)$$

mit $\cos(a) = R / (R^2 + z^2)^{1/2}$ ist die Z-Komponente v_{zP} des Geschwindigkeitsvektors:

$$v_{zP} = dv \cdot \cos(a) \quad = \quad (\Gamma/4\cdot \pi)\cdot (R / (R^2 + z^2)^{1/2}) \cdot (d\underline{x}_Q \times \underline{r}) / r^3$$

mit $(d\underline{x}_Q \times \underline{r}) = r \cdot d\underline{x}_Q$ und $d\underline{x}_Q = R \cdot d\beta$ und $r = (R^2 + z^2)^{1/2}$ und der Integration über die Kreislinie $\{0 .. 2\pi\}$ folgt:

$$v_{zP} = (\Gamma/2)\cdot (R^2 / (R^2 + z^2)^{3/2})$$

Damit ist eine Quantifizierung der von einer Windung einer „Wirbelspirale" ausgehenden Geschwindigkeitsinduktion gegeben.

Die Kreislinie der Ebene des Radius R sei eine Windung eines Wirbespulenmodells. Untersuchen wir nun den besonderen, wenn auch nicht realistischen Fall, dass der Aufpunkt $P(x_P, y_P, z_P)$ an dem die Geschwindigkeit v_{zP} induziert wird, in dieser Ebene liegt und damit die vertikale Koordinate z=0 verschwindet. Wir dürfen das tun, weil dieser Punkt, wie jeder andere, Element des vom Ringwirbelfadens induzierten Geschwindigkeitsfeldes ist. Für diesen besonderen Punkt vereinfacht sich der Term für die Z-Komponente v_{zP} des Geschwindigkeitsvektors. In einer Phänomenologie, in der das Ringwirbelfadenmodell eine n-gängige Wirbelspirale die aus einem Erzeugendensystem mit n Tragflügeln und in einem ersten, einfachen Modell mit m Wirbelkeimen herrührt beschreibt, muss die Mehrgängigkeit $n\cdot m > 1$ in der Formel berücksichtigt werden. Für ein Wirbelspulenmodell mit n=2 folgt damit:

$$v_{zP} = (n\Gamma/2)\cdot (R^2 / (R^2)^{3/2}) = (n\Gamma/2)\cdot (R^2/(R)^3) = n\,\Gamma/2R = \Gamma/R$$

Der Ringwirbelfaden stammt aus der Umströmung der Tragflügelkanten der Doppeldecker-konfiguration. Mit anderen Worten, die Ringwirbelfäden sind die aus dem Umströmungsgeschehen mit m=1 Wirbelkeinem je Tragflügel resultierenden n=2 Randwirbeln mit der (jeweiligen) Zirkulaion Γ_{RW}. Wie oben beschrieben, ist die Zirkulation des Randwirbels eines mit der Stömungsgeschwindigkeit v_∞ beaufschlagten, einzelnen Tragflügels mit dem Liftkoeffizienten c_L un der Tragflügeltiefe t angegeben: $\Gamma_{RW} = c_L \cdot v_\infty \cdot t$, so dass für die durch die Doppeldeckerkonfiguration zweier Tragflügel (n=2) mit (m=1) Wirbelkeinem induzierte Geschwindigkeit geschrieben werden kann:

Zirkulation des Randwirbels	$\Gamma_{RW} = c_L \cdot v_\infty \cdot t$
Induzierte Geschwindigkeit zweigängige Wirbel<u>s</u>pule	$v_{zP} = n \cdot m \cdot c_L \cdot v_\infty \cdot t\,/2R$ also: $v_{zP} = c_L \cdot v_\infty \cdot t\,/R$

Noch ein Wort zu den Modellannahmen. Die (zweigängige) fluidmechanische Wirbelspule entsteht mittelbar aus dem Auftrieb zweier Tragflügel in Doppeldeckerkonfiguration. Die in den schematischen Skizzen dargestellten Tragflächen zeigen symmetrische, elliptische Profilkonturen, die in rein axialer Anströmung auftriebslos arbeiten. Diese Tragflächen produzieren keine geordnete Wirbelspule. Erst in einer Strömung mit Anströmwinkeln $\alpha \neq 0[°]$ kommt es zu einem Auftriebsgebaren der Tragflügel. Aus dem Polarendiagramm aus potentialtheoretscher Berechnung ist darüber hinaus leicht zu ersehen, dass vollsymmetrische Ellipsenkonturen nicht zu den Leistungsprofilen gehören. Aber darauf kommt es garnicht an. In der hier dargelegten Phänomenologie der (schub-) produktiven Wirbelspulen arbeite ich mit einer Schar von Modellannahmen. Dazu gehört beispielsweise die Existenz eines Auftriebsgebarens unter endlichen Anstellwinkeln $\{-8<\alpha[°]<8\}$. Bei Surffinnen muss (draußen in der realen Welt) hierzu ein Driftmanöver „gefahren" werden, dessen Erläuterung den Rahmen dieses Aufsatzes sprengt; dazu nur soviel: Das Board soll sich in ruhendem Gewässer befinden, besitzt eine der Fortbewegung überlagerte translatorische Bewegung in (axialer) X-Richtung (SURGE) und eine translatorische Seitenverschiebung in (radialer) Y-Richtung (SWAY). In diesem gedachten Manöver fährt das Board voran und driftet. Genau für diese Situation betrachten wir nun die Strömungswirklichkeit an der Doppeldecker-Finne, die wir uns immer noch zentral am Unterwasserschiff des Surfboards angeordnet denken. Für unsere modellhaften Überlegungen soll alleine das Finnensystem die Lateralfläche des kleinen Seefahrzeugs repräsentieren; das Board unterhalb der (Konstruktions-) Wasserlinie und/oder gegebenenfalls dessen Aufgleiten vernachlässigen wir. Was passiert? Die Finne erfährt durch die Abdriftbewegung des Boards eine mit einem Anstellwinkel α auftreffende Strömung (das Doppeldecker-Finnensystem nimmt ja die Strömungswirklichkeit in ihrem körperfesten „Lagrage-Koordinatensystem" wahr). Diese Abdriftbewegung wird vernachlässigt. In diesem Zusammenhang taucht eine weitere Modellannahme auf: Ein weiteres Paradigma dieser Phänomenologie ist das SWAY-bedingete Auswehen der fluidmecha-

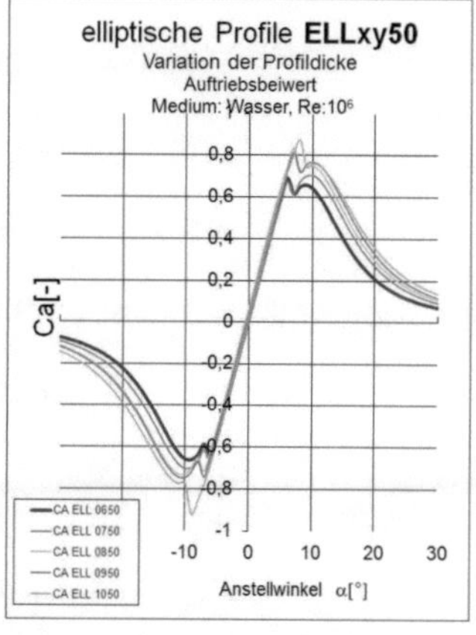

nischen Wirbelspule stromabwärts, das ich in meinen Überlegungen nicht berücksichtige. Der Schub einer fluidmechanischen Wirbelspule hätte also einen vektoriellen (radialen) Richtungsanteil in der Größenordnung, der beaufschlagenden Anströmung $\{-8<\alpha[°]<8\}$. Das ist natürlich eine weitere Idealisierung. Abgesehen wird darüber hinaus von einer, den abfließenden Randwirbel begünstigenden Randbogenkontur.

Für den Konstrukteur ist natürlich wichtig zu wissen, wie weit die beiden Tragflügel (das Erzeugendensystem) von einander entfernt zu positionieren sind. Als erstes Maß für den Abstand y_t der zwei Wirbelkeime der wechselwirkenden Ringwirbelfäden der 2-gängigen Wirbelspirale y_t =2R. Eine (nichtdeformierte) Wirbelspirale aus der Umströmung der Tragflügelkanten der Doppel-deckerkonfiguration generiert ein Wirbelspulensystem, das ich mir gerne wie eine mantelförmige Röhre vorstelle.

Windkanalexperimente haben gezeigt, dass die mantelförmige Wirbelspule sehrwohl deformiert werden kann. So kommt es bei extremer Druckabnahme zur Implosion, bei zu kleinen Geschwindigkeiten plustert sich das System auf oder entsteht erst überhaupt nicht. Auch oszillierede Deformationen wurden beobachtet, sobald die Kernströmung in der Wirbelspule strömungsmechanische Artefakte enthält und nicht rotorfrei ist. Die Idealform einer von Randwirbelkeimen herrührenden fluidmechanischen Wirbelspule ist eine definierte Mantelröhre mit einem Durchmesser von y_t =2R der Wirbelkeime des Erzeugendensystems.

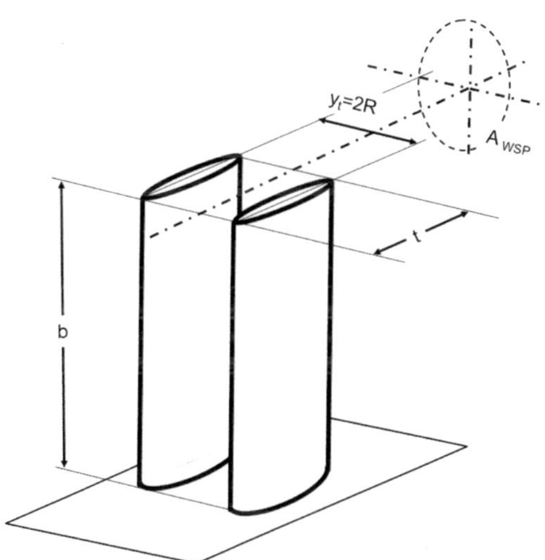

Mit der Profiltiefe t und dem Abstand y_t=2R finden wir zwei erste wichtige Gestaltungsparameter für Surfboardfinnensysteme in Doppeldeckerkonfiguration. Die zeitliche Änderung des Massenstroms $0 = \underline{\underline{m}} = dm/dt$ durch einen beliebigen Querschnitt A und des Volumenstroms $0 = \underline{\underline{V}} = dV/dt$ ebenda, sei Null.

$$\underline{\underline{m}} = dm/dt = d/dt\,(\rho \cdot V) = 0 = \rho \cdot \underline{\underline{V}} = \rho \cdot A_{WSP} \cdot v$$

Die Schubkraft F_{SCHUB} eines fluidmechanischen Antriebs resultiert aus einem mit der Geschwindigkeitsänderung d/dt (v) bewegtem Massenstrom $\underline{\underline{m}}$ [$kg \cdot s^{-1}$]. In einer Lagrange´schen Betrachtungsweise wird die Körpergeschwindigkeit des bewegten Systems zur so genannten „scheinbaren" Anströmgeschwindigkeit v_∞ des (bewegten) Surffinnensystems. Die vom Finnensystem generierte Wirbelspule WSP ist ebenfalls ein mitbewegtes Element des (lagrange´schen) Körpers. Sei in einem Kontrollvolumen die Eintrittsgeschwindigkeit $v1=v_\infty$ an der Stelle A_1, sowie die Austrittsgeschwindigkeit $v2 = v_\infty{}^+ v_{zP}$ an der Stelle A_2, so ist die Schubkraft F_{SCHUB} (bei Motorbooten Pfahlkraft) eines fluidmechanischen Antriebs definiert als:

Schubkraft $\quad F_{SCHUB} = \underline{\underline{m}} \cdot \Delta v = \underline{\underline{m}} \cdot (v_2 - v_1) \quad [kg\, s^{-1}\, m\, s^{-1}]$, [N]

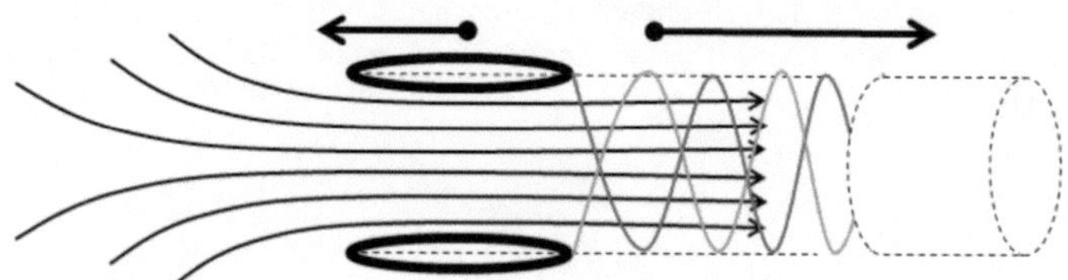

Euler`sche Betrachtungsweise der Wirbelspulenphänomenologie für eine Surfboardfinne in Doppeldeckerkonfiguration

Die Schubkraft ist genau jene Kraft die gemessen werden kann, wenn ein Propellerantrieb am Fluid Arbeit verrichtet; beispielsweise bei einem Motorseefahrzeug in Fahrt. Weil der Schubkraft vollkommen egal ist, aus welchem physikalischen Geschehen sie resultiert Propeller, Schlagflügel, Paddel oder andere Antriebsart, möchte ich sie (die Schubkraft) hier für unseren, aus einer fluidmechanischen Wirbelspule induzierten „Jetantrieb" entwickeln. Die Kontinuität über das System fordert für den Volumenstrom an jeder (beliebigen) Stelle: Wir betrachten die kontinuität in der Ebene des Aufpunktes, also: const = $\underline{\underline{V}} = A_1 \cdot v_1 = A_2 \cdot v_2$.

$$F_{SCHUB} = \underline{\underline{m}} \cdot \Delta v = \rho \cdot \underline{\underline{V}} \cdot (v_2 - v_1) = \rho \cdot A_2 \cdot v_2 \cdot (v_2 - v_1)$$

..und nach elementaren Umformungen, sowie dem Bezug auf die Betrachtungsebene $A_2=A_{WSP}$, dem strömungsreaktivem Querschnitt (vertikale Koordinate z=0) in der Wirbelspule erhalten wir eine Schubkraft in axialer Richtung:

Schubkraft $\quad F_{SCHUB} = \underline{\underline{m}} \cdot \Delta v = \rho \cdot A_{WSP} \cdot (v_\infty \cdot v_{zP} + v_{zP}{}^2) \quad [kg\, m\, s^{-2}]$, [N]

Zum Manövrieren interessiert letztendlich der Leistungsaustrag in axialer Richtung, wenn am Fluid Arbeit verrichtet wird. Der Fluidmassenstrom besitzt die gleiche Richtung wie die

Summe aller Verlustleistungen am Finnensystem, aber einen umgekehrten Richtungssinn! Wir erhalten eine Form (sie wird nach dem Ausmultiplizieren nicht wirklich schöner) für die Schubleistung $P_{SCHUB} = v_{zP} \cdot F_{SCHUB}$ eines aus einer fluidmechanischen Wirbelspule induzierten Jetantriebs:

Schubleistung $P_{SCHUB} = \rho \cdot A_{WSP} \cdot (v_{\infty} \cdot v_{zP}^2 + v_{zP}^3)$ [Ws]

Wie ist nun die aus dem stationären Wirbelspuleneffekt resultierende Schubleistung im Kontext einer Gewinn- und Verlustrechnung am Finnensystem zu behandeln? Beim Manövrieren und in Fahrt ist in der kumulierten Verlustleistung an einer Arbeitstragfläche (natürlich) auch der Anteil der durch das Auftriebsgebaren des Tragflügelsystems generierten „induzieten Widerstands" enthalten, ein auf den ersten Blick bizarres fluidmechanische Phänomen, da doch gerade dieses Wechselwirkungsgeschehen erst den Wirbelspuleneffekt hervorbringt. Vielleich erkläre ich das so: eine der Widerstandskraft entgegenwirkende Schubkraft entsteht (immer erst) dann, wenn das Wirbelspulensystem die zur „kontinuierlichen Produktion" eine Schar notwendiger Qualitäten besitzt. Im stationären Fall ist das zunächst mal die pure Existenz des Wirbelspulensystems selbst. Voraussetzung für die Beschleunigung einer Fluidmasse ist darüber hinaus die über einen gewissen Zeitraum herrschende topologische Stabilität des Wirbelspulensystems. Der instationäre Fall einer zusammenbrechenden Wirbelspule, welcher physikalisch hoch interessant ist, den wir aber an dieser Stelle nicht betrachten, fordert weitere Qualitäten des Erzeugendensystems. Bei der hier entwickelten, idealisierten Wirbelspulenströmung soll Fluidmassenbeschleunigung und Leistungsaustrag in axialer Richtung herrschen, quasi auf der Wirklinie der kumulierten Verlustleitung. Die zum Manövrieren eines Seefahrzeugs aufzuwendende Verschiebeleistung enthält einen translatorischen und einen rotatorischen Anteil, also: $P = P_T + P_R = \Sigma F_S \Delta v + \Sigma M_{FZ} \Delta\omega$. Soll die Rotation um die Z-Achse, das Gieren (YAW), nicht berücksichtigt werden, vereinfacht sich die erforderliche Verschiebeleistung auf den translatorischen Anteil $P_T = \Sigma F_S \Delta v$. In der ebenen Betrachtungsweise besitzt die Manövrierleistung eine axiale Komponente, die Verlustleistung P_{TW}, die von den axialen Strömungswiderständen $P_{TW} = \Sigma R \cdot v$ herrührt und eine radiale produktive (zur Widerstandskraft orthonormalen) Komponente P_{TL}, die aus dem Auftriebsgebaren $P_{TL} = L \cdot v$ der Leit- und Steuertragfläche stammt[6].

Radiale Liftleistung:	$P_{TL} = L \cdot v = c_L \cdot A_a \cdot v^3 \cdot \rho/2$
Axiale Widerstands- Verlustleistung:	$P_{TW} = \Sigma R \cdot v = R_F \cdot v + R_R \cdot v + R_I \cdot v$
Axiale Schubleistung aus Wirbelspule:	$P_{SCHUB} = \rho \cdot A_{WSP} \cdot (v_{\infty} \cdot v_{zP}^2 + v_{zP}^3)$

[6] Die radialen und die axialen Kräfte am (Mono-) Tragflügel des Doppeldeckertragflügelsystems:

Auftrieb, Querkraft, Lift	[N]	$L =$	$c_a \cdot A_a \cdot v^2 \cdot \rho/2$
Formwiderstand	[N]	$R_F =$	$c_w \cdot A_p \cdot v^2 \cdot \rho/2$
Reibungswiderstand	[N]	$R_R =$	$c_r \cdot A_b \cdot v^2 \cdot \rho/2$
induzierter Widerstand	[N]	$R_I =$	$c_I \cdot A_a \cdot v^2 \cdot \rho/2$
Tragflügelfläche (Aufprojetzion)	[m²]	A_a	
Tragflügelfläche (Frontprojetzion)	[m²]	A_p	
Tragflügelfläche (benetzt)	[m²]	A_b	

Die durch die Doppeldeckerkonfiguration zweier Tragflügel und mit insgesamt zwei Wirbelkeinem induzierte Geschwindigkeit kann nun in die Gleichung für die Schubkraft und jene der Schubleistung und aufgenommen werden. Hier steht nun die durch die Wirbelspulenprozesse in die Strömung induzierte Geschwindigkeit v_{zP} des Fluids an der Stelle A_{WSP}, also: $v_{zP} = v_{WSP} = (c_L \cdot v_\infty \cdot t/R)$ in der dritten Potenz!; das ist in der Tat beeindruckend.
Für einen ersten Berechnungshub (wir wissen ja derzeit nichts über Doppeldecker der 3. Generation) könnte man den Abstand über die Profiltiefe definieren, und damit die Form vereinfachen. Aber: Eigentlich sind wir gar nicht an einer „griffigen Handformel“ für die ausgetragene Leistung im Wirbelspulenquerschnitt interessiert, weil diese nur im Zusammenwirken mit anderen (leistungsbezogenen) Größen, etwa der Widerstandsverlustleistung des Gesamtsystems auftritt und Computeralgorithmen ja bekanntlich unter Handlichkeit etwas anderes verstehen als wir Menschenkinder mit unserem alten TI-Taschenrechner.
Oben war die Rede von einem aus einer fluidmechanischen Wirbelspule induzierten „Jetantrieb“! Niemand sollte nun auf die Idee kommen, hier einen Antrieb gefunden zu haben, der „aus dem Nichts“ Schub generiert. Vielmehr bleibt der so genannte „induzierte Widerstand“ die Münze, mit der wir für die Querkraft an einem fluidischen Tragflügelsystem bezahlen. Das physikalische Phänomen des Wirbelspuleneffekts ist aber eine sehr elegante von mehreren Möglichkeiten, einen gewissen Betrag jener Energie zurück zu gewinnen, die wir in das Voranbewegen des fluidischen Systems investiert haben. In der belebten Natur wurde dieses - den Widerstand mindernde - Prinzip erst mit der „Erfindung“ des Gefieders möglich. Der aufgefingerte Vogelflügel stellt das (vorläufige) gestalterische Endstadium eines Jahrmillionen währenden Entwicklungs- und Optimierungsprozesses dar. Ingenieure und Designer verstehen erst heute diese auf den ersten Blick wenig Sinn ergebende Auffingerung des Flügels landsegelnder Vögel zu begreifen, zu entschlüsseln und technisch umzusetzen. Der in diesem Aufsatz angebotene Berechnungsansatz für eine durch den Wirbelspiralen-Effekt erklärte Geschwindigkeitsinduktion besitzt (natürlich) zu viele Prämissen und Vereinfachungen, um wissenschaftlich genannt werden zu dürfen. Dennoch erinnere ich mich sehr gut an eine Zeit, als wir lediglich (was heißt hier lediglich?) einen Windkanal hatten, um die entscheidenden Parameter und deren Größenordnung einer technischen Gestaltungslösung zu ermitteln. Wenig hilfreich war in den 80er Jahren des vergangenen Jahrhunderts der Umstand und Zusammenhang, dass außer der BERWIAN-Windmühle der TU Berlin keine weiteren Anwendungen der Wirbelspulenphänomenologie zur Diskussion standen. Ob diese Abwesenheit forscherischen Interesses aus heutiger Sicht und vor dem Hintergrund einer Neubelebung der Doppeldeckertechnik und Technologie und mit einem besonderen Blick auf DD-Surfboardfinnen nicht weiterwährt, möchte ich an dieser Stelle ausdrücklich bezweifeln.
Von rezenten messtechnischen Untersuchungen oder numerischen Simulationen fluidmechanisch wirksamer Doppeldeckertragflächen insbesondere vor dem Hintergrund zweier miteinander in Wechselwirkung tretenden, induzierten Randwirbel ist derzeit nichts bekannt. Ausgehend von einer überschaubaren „Labor-Konfiguration“, bei der zwei Querkraft erzeugende endliche Tragflächen ein Doppeldeckersystem bilden, sollte es gelingen, die hier postulierten Wirbelspulenphänomenologie experimentell oder simulatorisch nachzustellen und Parameterstudien zu betreiben mit dem Ziel, stimmige sowie begünstigende Tragflächengeometrien und Anströmbedingungen aufzufinden. Erfahrungen aus eigenen Experimenten die ich in den frühen 90er Jahren des vergangenen Jahrhunderts am Windkanal des Fachgebiets Bionik und Evolutionstechnik der Technischen Universität

Berlin durchführte, weisen darauf hin, dass – insbesondere bei (nur) zwei Randwirbel erzeugenden Arbeitstragflächen – mit möglichst homogen abfließenden Partialwirbeln gearbeitet werden muss. Bei kleinen Reynoldszahlen, Anstellwinkeln die sich in einem sicheren Bereich vor dem kritischen Stall-Winkel befinden und geometrisch gleichen Tragflügelpaaren, die hier explizit nur die Funktion des Erzeugenden-Systems möglichst leistungsfähiger Randwirbel erfüllen, führen nahezu zwangsläufig auf äußerst stabile synthetische Wirbelspulen. Grundsätzlich ermöglicht die Separation der signifikanten strömungsmechanischen Parameter eine Prozessführung, die auf eine Kontrolle durch Randwirbel induzierter Jetströmung zielt. Näheres ist der angegebenen Literatur zu entnehmen [Hau-03][Die-13-8]. Nun, Doppeldecker sind kein Labor und das Fliegen und Schwimmen mit kleinen Reynolsdzahlen ist derzeit nicht populär, dennoch lassen sich Anwendungsfelder finden, bei denen die Randbedingungen für durch Randwirbel induzierte Jetströmungen stimmig sind und zu Innovationen führen, etwa im Yachtdesign [Die-14-4] oder auf dem Gebiet der Energiewandlung [Rech-90]. Für eine weitere und intensive Untersuchung durch Auftriebsgebaren generierter Wirbelspulenstrukturen spricht die Tatsache, dass Wirbel generell eine fluidmechanische Struktur darstellen, die Energie in hoher Effizienz wandelt. Dies wird gerade beim Querkraftbedingten Randwirbel auf dramatische Weise deutlich. Ist uns in der konventionellen Fluidmechanik und offenbar ganz besonders in der anwendungsorientierten Aeromechanik der durch Randwirbel generierte Verlust an mühsam aufgebrachter Antriebsleistung gewahr - der induzierte Widerstand nimmt bis zu zweidrittel des Gesamtwiderstands an – wird gerade deshalb offensichtlich, welch grandiosem Konzept fluidmechanischer Energiewandlung wir uns gegenübersehen.

Mi. Dienst, Berlin im Februar 2017

Weiterführende Literatur und Bibliographie

[Abbo-59] Ira H. Abbott, Albert E. von Doenhoff; (1959) Theory of Wing Sections: Including a Summary of Airfoil Data. Dover Publications, New York

[Betz-12] Betz, A. ; (1912), Ein Beitrag zur Erklärung des Segelfluges. Zeitschrift für Flugtechnik u. Motorluftschifffahrt 3 (1912)

[Bos-27] Bose, N., K., Prandtl, L. (1927). Beiträge zur Aerodynamik des Doppeldeckers. In: ZAMM, Bd. 7, 1927, Heft 1, S. 1 -9.

[Die14-4] Dienst, Mi.(2014) Vortex coil effect-use rig for sailing surfboards. In: Transactions in Bionic Patents, Vol.: 08. GRIN-Verlag GmbH München, ISBN (e-Book): 978-3-656-70477-5

[Die13-8] Dienst, Mi.(2013). Beitrag zur Phänomenologie der fluidmechanischen Wirbelspirale. GRIN-Verlag GmbH München, ISBN (Buch): 978-3-656-55394-6.

[Hau-03] Hau, E. (2003): Bauformen von Windkraftanlagen. In: Windkraftanlagen, Springer Berlin, Heidelberg, S. 65-78. ISBN: 978-3-662-10949-6.

[Katz-01] Katz, J. Plotkin, A. (2001) Low-Speed Aerodynamics (Cambridge Aerospace Series) Cambridge University Press; 2 edition

[Mart-65] Martynov, A. K.,(1965) Practical Aerodynamics, Pergamon Press.

[Pra-19] Prandtl, L. (1919) Merhdeckertheorie. In: Nachrichten der k. Ges. d. Wisssenschaften zu Göttingen. 1919, S. 107-137.

[Rech-90] Rechenberg, I. (1990): BERWIAN: Entwicklung, Bau und Betrieb einer neuartigen Windkraftanlage mit Wirbelschrauben-Konzentrator ; Phase 2 ; Abschlussbericht; Contract BMFT-FV 032 8412B. FG Bionik und Evolutionstechnik, Technische Universität Berlin.

[Schl-67] Schlichting, H., Truckenbrot, E. (1967) Aerodynamik des Flugzeuges, Band 1, Springer Verlag

[Schl-00] Schlichting, H. (2000) Boundary-Layer Theory, Springer ISBN 3540662707